跟著可愛角色學習

星星宇宙

小圖鑑

監修 藤井 旭

瑞昇文化

序言

　　大家是不是都曾在抬頭仰望天上廣闊的星空時，會因為體認到自己就居住在這個宇宙所瀰漫出的不可思議感、以及渴望地想知道蘊藏在宇宙中的各種疑問，因而感到雀躍不已呢？

　　在這本書中，有許多變化成可愛角色的宇宙星球和構成各種星座的星星們會登場，並且藉由漫畫和解說向各位進行輕鬆有趣的介紹。

　　只要閱讀這本書，就能對宇宙的結構、從地球望去的太陽、月球、以及大量星星們的真實面貌有更進一步的認識。

　　來吧！ 接下來就請大家一起來觀察宇宙的天體角色們所身處的世界吧！

藤井 旭

本書的構成

宇宙的結構與天體的介紹

從地球和月球的誕生到宇宙結構等主題，藉由可愛角色和漫畫進行淺顯易懂的解說。以太陽系為首的主要天體角色將會向大家自我介紹喔。

從地球觀察的太陽與月球解說

以漫畫和圖示解說從地球觀察的太陽與月球移動。掉落到地球、擔任導覽員的隕石小弟和地球上的小狗Chiro，將為各位帶來一場有趣又容易理解的說明。

星星・星座的介紹以及星星的運動解說

在太陽和月球之後，接著要用漫畫解說從地球觀察的星體移動。代表各季節主星的星體角色要告訴各位星星與星座的故事。一起沉浸在圍繞星座的神話故事氛圍中吧！

目次

宇宙的結構與太陽系的星球 ⋯⋯ 10

1 地球型行星

2 木星型行星

3 天王星型行星

矮行星

小行星

衛星

從地球觀測到的太陽與月球 …… 32

和我們一起探索謎圖！

星星與星座 …… 46

1 整年都可以看到的北方星座 …… 50

春天可以看到的星座 …… 56

夏天可以看到的星座 …… 60

天津四／
天鵝座 … 61

牛郎星／
天鷹座 … 62

織女星／
天琴座 … 63

心宿二／
天蠍座 … 64

秋天可以看到的星座 …… 66

冬天可以看到的星座 …… 70

飛馬座 … 67

參宿四・參宿七／
獵戶座 … 71

南河三／
小犬座 … 72

壁宿二／
仙女座 … 68

天狼星／
大犬座 … 73

北河三・北河二／
雙子座 … 74

畢宿五／
金牛座 … 75

五車二／
御夫座 … 76

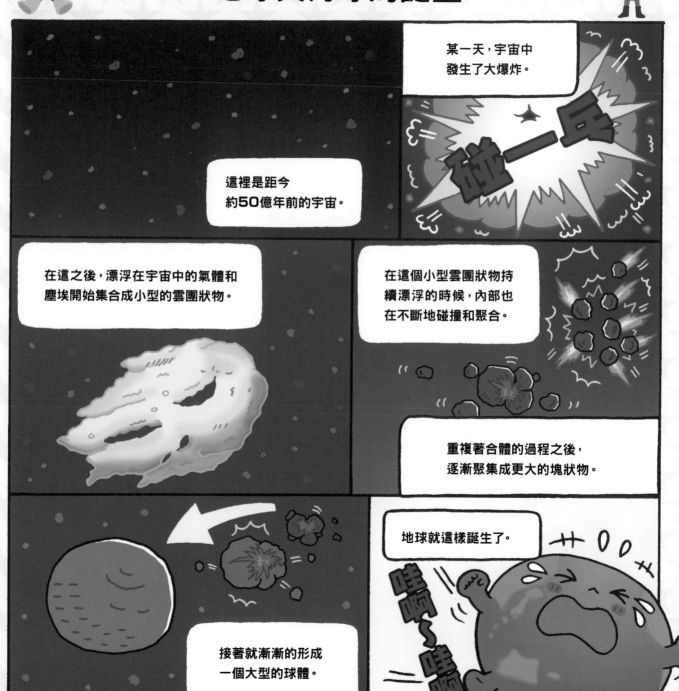

某一天，宇宙中發生了大爆炸。

這裡是距今約50億年前的宇宙。

在這之後，漂浮在宇宙中的氣體和塵埃開始集合成小型的雲團狀物。

在這個小型雲團狀物持續漂浮的時候，內部也在不斷地碰撞和聚合。

重複著合體的過程之後，逐漸聚集成更大的塊狀物。

地球就這樣誕生了。

接著就漸漸的形成一個大型的球體。

9

宇宙的結構與太陽系的星球

地球是宇宙眾多星體中的一顆星球。
在這個章節，我們要介紹無限寬廣的宇宙構成
以及以太陽為中心運轉的太陽系行星們。

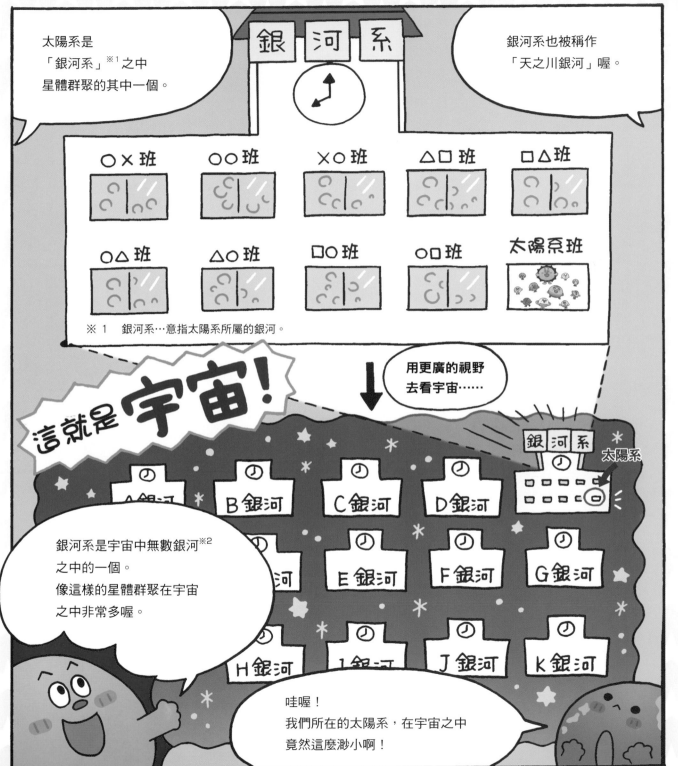

※2 銀河…大量的星體和氣體、塵埃等聚合成的集合體。例如仙女座星系等等。

太陽系的班級成員介紹

這是以太陽老師為中心的太陽系班。我們要介紹充滿個性的學生們給大家認識喔。

太陽是恆星喔！

太陽 老師

性格・特徵

表面的溫度約5,500度，中心部分約有1,500萬度，相當的熱。圍繞在最外層、被稱為「日冕」的大氣，也有100萬度以上喔。

太陽是由氫等氣體的團塊構成，藉由氫的變化放出熱度。實際的大小竟然是地球的109倍呢。

太陽的 自豪之處

我擁有將星星們拉著的強大引力喔。那些被我拉住的星星就是構成太陽系的星球。

太 陽 系 中 的 星 體 種 類

恆 星 可以自己放出光和熱的星體。像是太陽和其他構成星座的星星都屬於這類。

行 星 ▶15～19頁 繞著恆星的周圍轉，具有一定程度大小的天體。

矮行星 ▶22頁 繞著恆星的周圍轉，比起行星來得小、沒有完全符合行星標準的天體。

小行星 ▶23頁 繞著太陽的周圍轉、體積相當小的天體。最大的甚至比日本國土還要小。

衛 星 ▶24～28頁 繞著行星、矮行星、小行星的周圍轉的天體。

14　**用語解說** 引力…在物體之間產生作用，讓彼此互相吸引的作用力。最早由英國的牛頓發現。

行星的種類可分為 **3** 大族群！

太陽系的八個行星，可以分成以下的 3 大族群。

1 地球型行星

擁有由堅硬的岩石和金屬構成的地面。中心的核部分含有鐵和鎳等金屬。因為外側的地函和地殼是由岩石組成，因此重量相當重。

水星、金星、地球、火星 ▶ 16～17頁

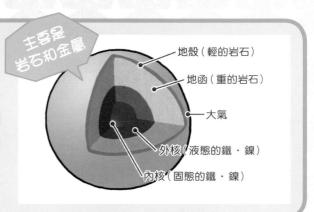

主要是岩石和金屬

- 地殼（輕的岩石）
- 地函（重的岩石）
- 大氣
- 外核（液態的鐵・鎳）
- 內核（固態的鐵・鎳）

2 木星型行星

由氫和氦等氣體構成，所以沒有地表存在。雖然體積很大，但重量相當輕。如果能把它們放進一個超巨大的池子裡，重量是輕到可以浮在水面上的喔。

木星、土星 ▶ 18頁

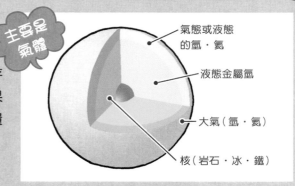

主要是氣體

- 氣態或液態的氫・氦
- 液態金屬氫
- 大氣（氫・氦）
- 核（岩石・冰・鐵）

3 天王星型行星

大型的冰之星球。其中心是岩石構成的核，外側是由氨、水、甲烷凍結成的厚厚冰層。表面含有氦和甲烷，包覆著大氣。

天王星、海王星 ▶ 19頁

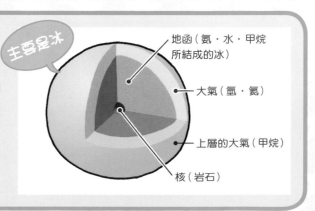

主要是冰

- 地函（氨・水・甲烷所結成的冰）
- 大氣（氫・氦）
- 上層的大氣（甲烷）
- 核（岩石）

用語解說 **核**…意指天體的中心部分。也稱為中心核。

1 地球型行星

也稱類地行星。距離太陽最近的那四個星球，就是所謂的地球型行星。

最近的行星喔
我是距太陽最近的行星喔

水星

性格・特徵

離太陽最近、也是太陽系中最小的行星。是個有著懸崖和隕石坑、凹凸不平的星球。雖然名為水星，但上面卻沒有水存在。因為體積小，引力也小，因此不存在大氣，地面的溫度差相當激烈。

水星的 自豪之處

和在地球上觀察相比，在我這裡可以看到約3倍大的太陽喔。雖然白天溫度會高達430度，但晚上也會驟降到負160度呢。

性格・特徵

被厚厚的雲層籠罩，雲的下方是宛如灼熱地獄的世界。不論白天或晚上，溫度都高達460～500度。這是因為含有濃厚二氧化碳的大氣無法阻擋太陽熱度所造成的。雲層上方被稱為「超級旋轉」（Super-rotation），經常颳著秒速100m的強風。

金星的 自豪之處

從地球觀察的話，是看起來最明亮的行星。在傍晚時被稱為「昏星」、黎明時刻則被稱為「晨星」喔。

我和地球幾乎一樣大

金星

用語解說 大氣…圍繞在行星表面的氣層。是由多種氣體組成的。

我是唯一擁有空氣的星球

地球

衛星請見 ▶24頁

性格・特徵

表面有約70%的面積是海洋，因此又被稱為「水之行星」。因為和太陽的距離剛剛好，氣候不會太熱、也不會太冷。因為地球空氣中的氧氣含量豐富，所以能供給生物呼吸。因此也被稱作充滿生命的「奇蹟之星」。

地球的 自豪之處

地球整體就像是個巨大的磁鐵。因此在地球上拿著指南針，N極就一定會指著北方、S極則是指向南方。

性格・特徵

在地球外側運轉的紅色星球。整體看起來之所以是紅通通的一片，是因為大地上廣泛分布著鐵質。火星上有著高達2萬5,000多m的火山，以及長約4,000km、深約7km的巨大峽谷等變化萬千的地形。時常出現沙塵暴或塵龍捲等現象。

火星的 自豪之處

擁有以二氧化碳為主的稀薄大氣。也和地球一樣有季節變化。大約在30～35億年前還擁有豐沛的水。

我有太陽系最大的火山！

火星

衛星請見 ▶25頁

用語解說　火山…太陽系的行星上存在著大量的火山。不過除了地球之外，幾乎所有的火山現在都沒有在活動了。

2 木星型行星

也稱類木行星。在地球型行星的外側運轉，都是很大的行星喔。

巨大的身軀和條紋
樣貌是我的特色

木星

衛星請見
▶26~27頁

性格・特徵

太陽系中最大的行星。和地球相比，體積是1,300倍以上。質量（重量）約為316倍。自轉速度很快，不到10小時就能轉一圈。因此總是颳著強風，往同一個方向流動的雲也因而形成橫條紋的樣貌。

木星的 自豪之處

在橫條紋中的某一個「大紅斑」區域裡面，經常颳起強烈的風暴，這個風暴範圍大到可以容納約兩個地球。

性格・特徵

特徵就是在球體周圍的那一圈巨大的環。或許大家看起來會覺得很像一片板狀物，但實際上是由小型的冰和岩石顆粒構成的。厚度大概只有數十m，不過因為有許多像這樣的環重疊起來，就形成直徑達30萬km的圓盤狀物。

土星的 自豪之處

我是太陽系第二大的行星。會颳起比地球還強上1,000倍的強烈風暴，所以大家又稱它為「龍之風暴」（Dragon Storm）。

衛星請見
▶24頁

土星

用語解說 自轉…意指天體自身的迴轉。太陽系天體幾乎都會自轉，迴轉速度則各有不同。

我有細細的環喔！

天王星

性格・特徵

擁有由冰和岩石顆粒構成的13條細環重疊組成的環帶。因為在距離太陽很遠的地方運轉，因此繞行太陽一圈大概需要84年的時間。而且自轉軸呈98°傾斜，一年之中幾乎都是傾斜的狀態。

天王星的 自豪之處

擁有美麗的祖母綠色。這是因為表面覆蓋的大氣中含有甲烷的緣故。

性格・特徵

表面覆蓋的大氣中所含的甲烷具有會吸收紅光、反射藍光的性質。甲烷含量非常多，所以看起來呈現藍色。表面溫度約負220度，是太陽系中距離太陽最遙遠、也是最寒冷的一顆行星。

海王星的 自豪之處

上空颳起的強風秒速可達560m！這個速度可是比音速還要快喔！在我身上還能看見被稱為「大暗斑」的黑色區塊。

以生物生存條件來看，我實在太寒冷了呢！

海王星

衛星請見 ▶28頁

用語解說　自轉軸…自轉的迴轉軸。以地球來說，就是北極點和南極點連接而成的線，也稱為「地軸」。

太陽系的行星資料一覽

※1…將地球設為1時的直徑比率
※2…地球的重量（質量）約為59,720,000,000,000,000億kg

	水星	金星	地球	火星	木星
大小・直徑 ※1	咦～！水星在這裡喔～	地球和金星的大小差不多喔		木星好大啊～	木星在這裡喔
	4,879km （0.38）	1萬2,104km （0.95）	1萬2,756km （1.00）	6,792km （0.53）	14萬2,984km （11.0）
重量（質量）※2	約為地球的18分之1	約為地球的5分之4	─	約為地球的9分之1	約為地球的318倍
重力	約為地球的5分之2	約為地球的10分之9	─	約為地球的5分之2	約為地球的2.37倍
公轉週期	87.97日	224.7日	365.24日	686.98日	11.86年
自轉週期	58.65日	243.02日	23.94小時	24.62小時	9.93小時
自轉軸傾斜	0°	177.4°	23.44°	25°	3.1°
表面溫度	−170～430度	470度	−90～60度	−140～27度	−140度

跟太陽之間的距離比

這是將太陽與各個星球之間的距離以實際比例大約換算後顯示的結果。
（　）內的數值是將地球與太陽的距離設為1時，其他星球與太陽的距離比率。

太陽

水星（0.39）　地球（1.0）

金星（0.72）　火星（1.52）

木星（5.2）

土星（9.55）

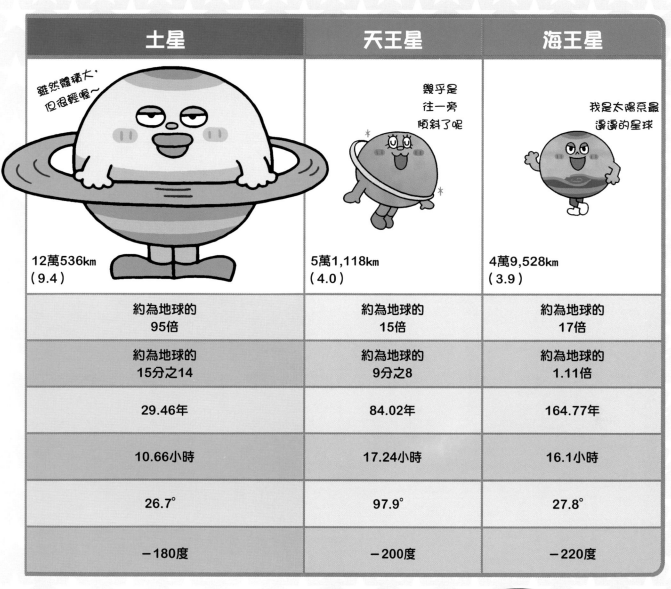

土星	天王星	海王星
雖然體積大，但很輕喔～	幾乎是往一旁傾斜了呢	我是太陽系最遙遠的星球
12萬536km（9.4）	5萬1,118km（4.0）	4萬9,528km（3.9）
約為地球的95倍	約為地球的15倍	約為地球的17倍
約為地球的15分之14	約為地球的9分之8	約為地球的1.11倍
29.46年	84.02年	164.77年
10.66小時	17.24小時	16.1小時
26.7°	97.9°	27.8°
－180度	－200度	－220度

從地球到太陽的距離約為1億5,000萬km喔

矮行星

在大小等條件上都未達行星認定標準的星星們。

冥王星

性格・特徵

水與岩石的星球,被甲烷和氮構成的冰包覆著。表面溫度約負230度,相當寒冷。表面的斑紋會隨季節而變化。直徑約2,377km。

鬩神星

性格・特徵

Eris。「海王星外天體」之一。每561年繞太陽一圈。直徑約2,400km,擁有一個衛星。

穀神星

性格・特徵

Ceres。位於小行星帶,原先被分類為小行星,在2006年被認定為矮行星。直徑約939km。

鳥神星

性格・特徵

Makemake。這個名稱的由來是源自以摩艾像聞名的復活節島島神明。每306年繞太陽一圈。直徑約1,400km。

妊神星

性格・特徵

Haumea。呈細長形,每4小時一圈的高速自轉被認為是導致其外觀變形的原因。擁有兩個衛星。

用語解說 **海王星外天體**…在海王星的軌道(28頁)外側運轉的天體。約有2,700個以上,冥王星、鬩神星、鳥神星、妊神星都包含在內。

小行星

這裡將在眾多的小行星中，挑出特別大的星球來為大家介紹。

我是唯一能從地球上看到的小行星喔！

灶神星

性格。特徵

Vesta。球形，直徑長達573km，在小行星之中也算是大的星球。中心部有像地球一樣的核。或許在未來有機會被列為矮行星也說不定喔！

我是第三個被發現的小行星！

婚神星

性格。特徵

Juno。直徑約240km。名字是來自於羅馬神話的女神。特徵是擁有很大的隕石坑。

橢圓外觀是我的特色！

智神星

性格。特徵

Pallas。外觀稍微有點變形，小行星中最大的一顆。最長部分的直徑超過520km。是小行星帶中第二個被發現的小行星。

用 語 解 說　**小行星帶**…也被稱為「main belt」，是小行星的主要集中區域。也有某些小行星是在小行星帶以外的地方運轉的。

衛星

在行星、矮行星、小行星的周圍運轉的天體就稱為衛星。

我是**地球**的衛星喔

月球

性格。特徵

沒有水，盡是乾枯岩石景觀的世界。因為不存在大氣層，所以沒有風在流動。聲音也無法傳播，是一個聽不到任何聲響的地方。表面的重力約是地球的6分之1，人類在上面跳躍的話，就能蹦出6倍的高度喔。

月球的 **自豪之處**

從地球望去，隕石坑的部位看起來就像是兔子。是離地球最近、也是目前人類唯一登陸過的星球。

性格。特徵

Titan，土衛六。是土星眾多的衛星中最大、在太陽系中也是第二大的。氮氣和甲烷構成的高濃度大氣廣布到地表880km的高度。這種環境和很久以前的地球相似，被認為或許存在著相當原始的生命。

泰坦的 **自豪之處**

根據太空探測器卡西尼-惠更斯的觀測，泰坦的北極和南極存在著由甲烷、乙烷構成的巨大湖，目前已知有數百個之多。

我是**土星**的衛星喔

泰坦

用語解說 **重力**…往天體中心拉引的力量。所謂的重量，就是物體被施予的重力。

我是**火星**的衛星喔

福波斯

性格．特徵

Phobos，火衛一。像是馬鈴薯般的衛星。直徑最長處約26km。距離火星約9,400km，以7小時40分鐘的速度繞行火星一圈。有離火星越來越近的趨勢，估計在4000萬年後會撞上火星也說不定！

福波斯的 **自豪之處**

存在著直徑長達9km的巨大隕石坑。被命名為「斯蒂克尼隕石坑」。

性格．特徵

Deimos，火衛二。比福波斯小的火星衛星。直徑最長處約16km。隕石坑也比福波斯小，表面光滑。距離火星約2萬3,500km。在遙遠的軌道上每30小時繞行火星一圈。

得摩斯的 **自豪之處**

據說福波斯和得摩斯原本都被認為是小行星，但因為火星引力拉近，就成了衛星。

我是**火星**的衛星喔

得摩斯

用語解說 <u>隕石坑</u>…天體表面的巨大凹洞。天體間相撞、火山噴發等都可能會形成隕石坑。

這裡要介紹木星的四大衛星。

因為是由義大利天文學家伽利略·伽利萊所發現，

因此又被稱為「伽利略衛星」喔。

我是**木星**的衛星喔

埃歐

性格。特徵

Io，木衛一。和月球差不多大，是在地球之外首次發現火山的星球。從名為「Pillan Patera」的火山所噴出的煙，會到達地表140km的上空。每年流出的岩漿量多達地球火山的100倍喔。

埃歐的 **自豪之處**

埃歐上有很多的火山。會從全體的表面散發出高熱。

性格。特徵

Europa，木衛二。包覆表面的冰層底下被認為有著深達100km的海洋（水體）喔。表面有許多像是紅色的筋或紋路的痕跡，這些痕跡據說是由一度融解的冰層滲出海水後，又再度凍結所形成。

歐羅巴的 **自豪之處**

海底似乎存在著海底熱泉。若是真的有的話，就有生命存在的可能性。這樣一來可是大發現呢！

我是**木星**的衛星喔

歐羅巴

用語解說 <u>海底熱泉</u>…由天體深處的熱度加熱的高溫熱水從地表孔洞噴出。也存在於海底。

我是**木星**的衛星喔

甘尼米德

性格‧特徵

Ganymede，木衛三。全體表面都覆蓋著冰。據說底下很可能有海洋（水體）存在。可以分為兩種地形：外觀上暗色部分是由許多隕石坑構成的古老地形，另外就是呈現明亮區域、有著紋路般溝渠的新地形。

甘尼米德的**自豪之處**

是太陽系中最大的衛星。雖然被列為衛星，但比身為行星的水星（16頁）還要大喔。

性格‧特徵

Callisto，木衛四。是太陽系的衛星中第三大的。擁有許多大大小小的隕石坑，表面覆蓋著厚達200km的冰層。冰層下被認為存在著海洋（水體）。

卡利斯多的**自豪之處**

有很多超過直徑3,000km的圓形圖案，據說是被什麼東西撞擊後產生的，但一切都還是個謎團。

我是**木星**的衛星喔

卡利斯多

用語解說　**太空探測器**…為了調查地球以外的天體而送往宇宙的太空飛行器。幾乎都採用無人機型。史上第一台太空探測器是蘇聯派往月球調查的月球1號。

海王星有多達 **14** 個衛星。在這裡我們就來為大家介紹
其中最具代表性、也是最大的崔頓吧！

我是**海王星**的衛星喔

崔頓

性格。特徵

Triton，海衛一。海王星的其他衛星都是呈現小且變形的樣貌，只有崔頓是球狀。表面存在著「冰之火山」。名為火山，但噴出的卻是冰冷的氣體和冰。

崔頓的 **自豪之處**

和海王星的自轉呈反方向的逆行衛星。而且距離和海王星越來越近，或許有一天就會撞在一起也說不定呢！

彗星 是什麼樣的星星呢？

就像是在太陽周圍以橢圓形軌跡繞行的小小泥球

彗星的真面目就像是大小從數km到超過數十km的泥球。其噴射狀態的彗尾是在距離太陽較近時，熱度造成表面的冰融解，由粉塵和氣體所形成。因為噴射狀態很像掃把，因此又被稱為「掃把星」。

彗星在太陽的周圍以橢圓形軌跡運轉。若是繞一圈需要數十年或數百年以上的彗星，在地球上應該就看不到第二次了。

用語解說 軌道…在太陽周圍運轉的行星、或是繞著行星運轉的衛星等所行經的路線。

太陽系的行星們行經的軌道

讓我們從鳥瞰的角度，來看看太陽系的八顆行星的運行軌道吧！另外再跟彗星的軌道一起比較看看！

從距離太陽最近的開始，依序是水星→金星→地球→火星→木星→土星→天王星→海王星。就像這樣，行星們繞著太陽運轉的現象就稱為「公轉」。

彗星（例如哈雷彗星）的軌道就如圖所示，是呈現橢圓形。

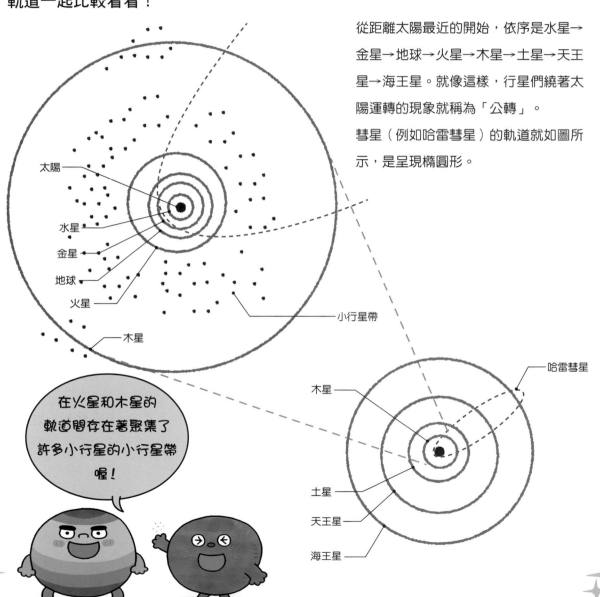

太陽

水星

金星

地球

火星

木星

小行星帶

在火星和木星的軌道間存在著聚集了許多小行星的小行星帶喔！

哈雷彗星

木星

土星

天王星

海王星

星星們來解惑！
宇宙的基本知識

行星為什麼大多呈現圓形呢？

這是因為有引力存在。引力就是物體與物體間相互吸引的力量，重量越重則引力越強。行星等星體是將宇宙空間中的氣體、塵埃、岩石等各種東西吸引聚合所構成。**因為引力將它們均等地往內側吸引**，才使得行星呈現圓形。

太陽消失的話會怎麼樣呢？

如果是位於太陽系的星球，白天就會消失，形成永夜的**冰之世界**。地球上的生物則會因為酷寒而全數死去。

此外，太陽系的行星是藉由太陽的牽引力量運轉的，所以要是**太陽消失的話，星球就會往四處飛散了**。

我們如何得知行星的重量和距離呢？

當然我們無法進行實際的測量，**但是可以用既有計算方式去推算**。像是藉由調查星球與它周遭衛星之間的距離、衛星公轉時間等數據來計算出行星引力。只要知道引力，就能知道重量。此外我們會用「質量」來稱呼行星的重量。至於距離，則是向該星球發送電波，再藉由回傳的時間來計算。

※這種求得距離的方法，僅限用於計算太陽系的行星時。

黑洞是什麼呢？

如果有一個重量是太陽25～30倍以上的星球燃燒殆盡，就會因為重力塌縮產生吸引周遭所有物體的強大重力場。

像這樣的現象就稱為「黑洞」。因為連光都無法逃脫，因此看不到任何東西。

宇宙中有雲是真的嗎？

在宇宙中存在著名為「星雲」的雲喔。只不過和大家在空中看到的那種由水和冰粒構成的雲不同，星雲是由宇宙中漂浮的氣體和塵埃形成的。

其中有被周圍的星光照亮的星雲，也有缺乏光亮而看起來黑黑一片的星雲喔。

人造衛星是什麼？和衛星不一樣嗎？

人造衛星是人類為了調查宇宙的奧秘而發送到地球軌道上的機器。它會在地球的周圍持續地運轉飛行。確實很容易和天體中的衛星混淆吧？

在人造衛星之中，除了前面提到的調查衛星之外，也有在氣象預報使用的氣象衛星等不同的種類。

有外星人存在嗎？

很遺憾，在太陽系的星球中並沒有外星人存在。雖然有水存在的星球就有孕育生命的可能性，但即便如此也是微生物之類的階段。

不過，在太陽系以外的地方有可能存在著和地球相同環境的星球。或許外星人就在某個遙遠的星球上也說不定呢！

宇宙中還存在著很多不可思議的事喔！

從地球觀測到的太陽與月球

每天從東方升起再日落的太陽。以及照亮夜空的月球。

在這個章節我們要針對這兩個距離地球最近的天體，

來進行一場詳盡的學習之旅吧！

※3　隕石⋯漂浮在宇宙中的岩石碎片，脫離軌道掉入地球的就是隕石。

35

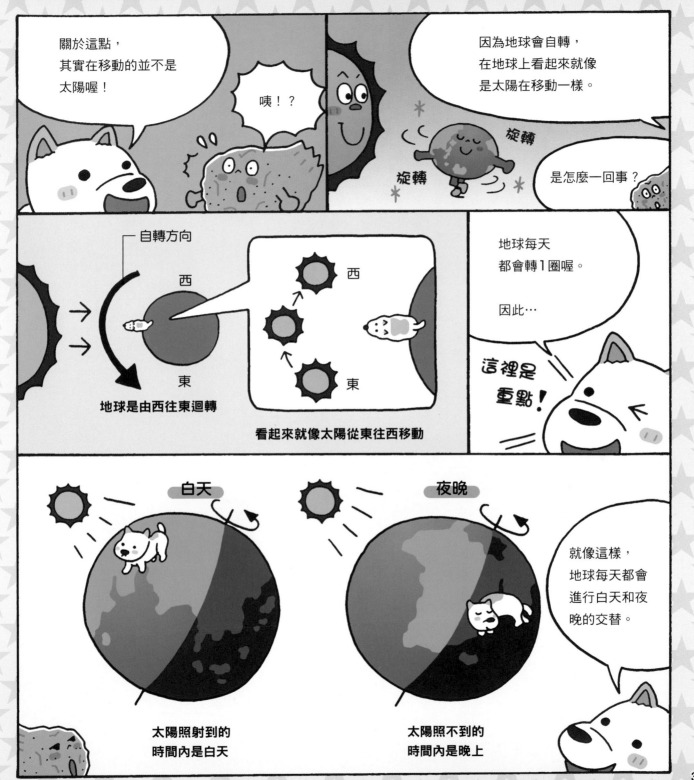

太陽的軌跡會因季節而有所不同！？

真是意外！
地球先生在自轉的時候，
地球上竟然會發生這樣的
變化啊！

啊！話說應該
不會是這樣吧！

應該不至於連公轉都會影
響地球上的現象吧…？

嗯～
你知道公轉
是什麼嗎？

別小看我

那種事
我還知道啦！

好啦～
不要生氣嘛！

和公轉當然也有
很大的關係喔！

喔！
關係很大!?

是的。
而且還不只是1天的變化喔！

那是個更
壯觀的過
程呢。

究竟在地球上
會發生什麼事
呢…

笑

緊張

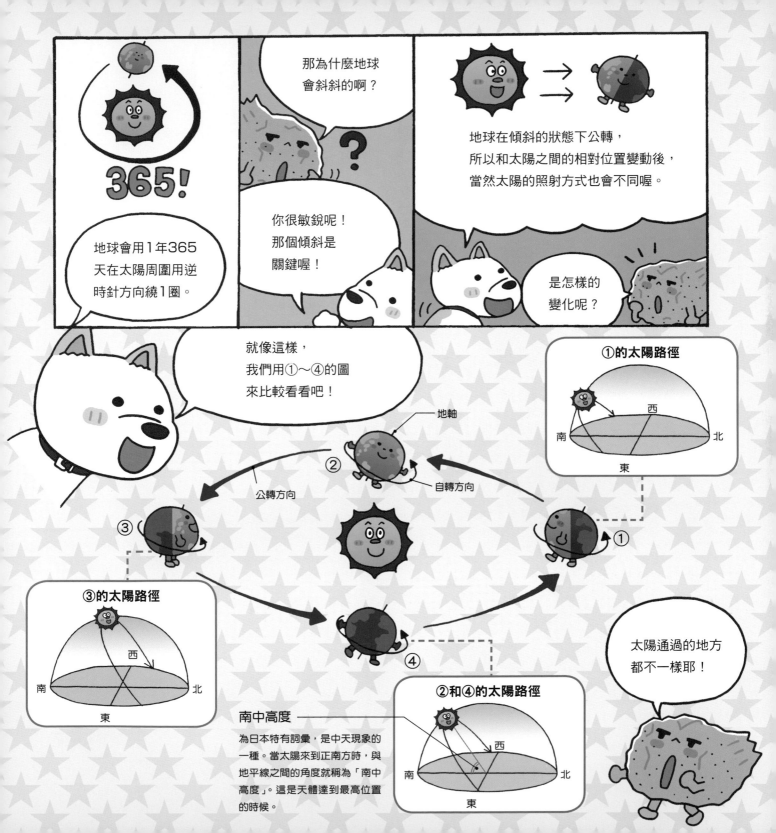

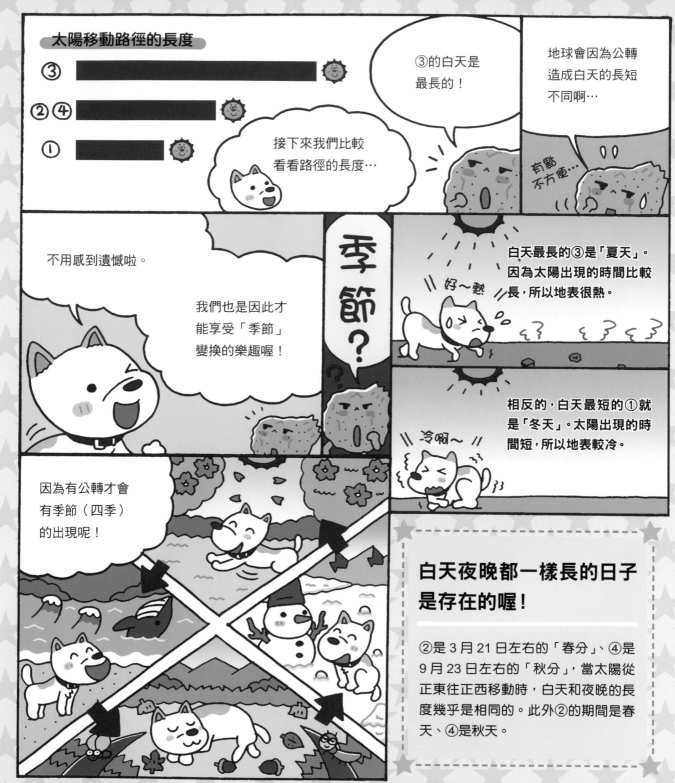

1 年中白天最長的就是 6 月 22 日左右的「夏至」。夜晚最長的則是 12 月 22 日左右的「冬至」。

月亮的形狀每天都不一樣！？

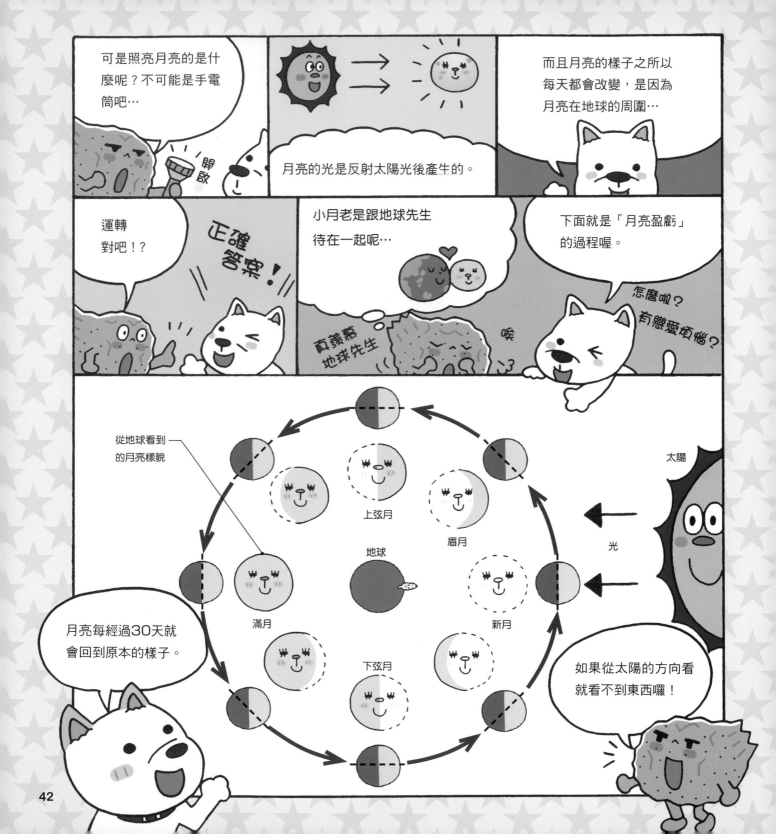

可是照亮月亮的是什麼呢?不可能是手電筒吧…

月亮的光是反射太陽光後產生的。

而且月亮的樣子之所以每天都會改變,是因為月亮在地球的周圍…

運轉對吧!?

正確答案!

小月老是跟地球先生待在一起呢…

真羨慕地球先生

下面就是「月亮盈虧」的過程喔。

怎麼啦?有戀愛煩惱?

從地球看到的月亮樣貌

太陽

光

上弦月

眉月

地球

滿月

新月

下弦月

月亮每經過30天就會回到原本的樣子。

如果從太陽的方向看就看不到東西囉!

42

並不是只有晚上才看得到月亮！？

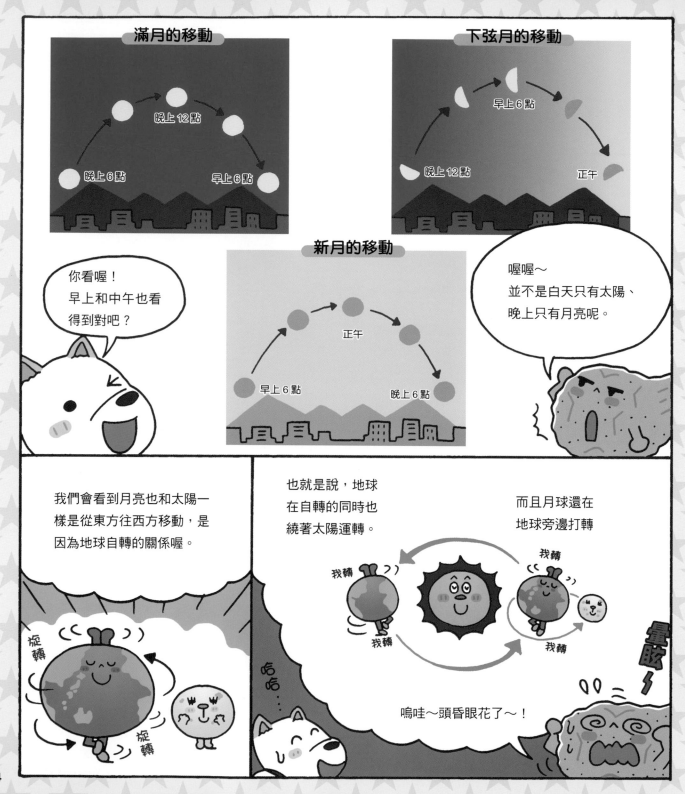

滿月的移動

下弦月的移動

晚上12點

早上6點

早上6點

晚上6點

晚上12點

正午

新月的移動

正午

早上6點

晚上6點

你看喔！
早上和中午也看
得到對吧？

喔喔～
並不是白天只有太陽、
晚上只有月亮呢。

我們會看到月亮也和太陽一
樣是從東方往西方移動，是
因為地球自轉的關係喔。

也就是說，地球
在自轉的同時也
繞著太陽運轉。

而且月球還在
地球旁邊打轉

我轉

我轉

我轉

我轉

旋轉

旋轉

哈哈…

嗚哇～頭昏眼花了～！

暈眩！

月亮的另一側是看不見的!

月球明明是距離地球很近的天體,但是從地球上卻總是只能看見月球的半面。
現在就讓我們來探索月球的秘密吧!

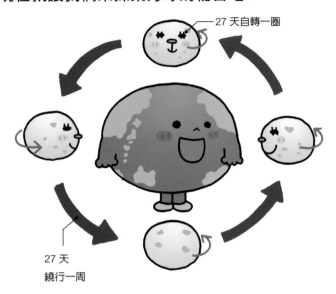

27 天自轉一圈

27 天
繞行一周

月球花27天
繞行地球一周

雖然月球在地球的周圍運轉著,但
其實從地球上是無法看到月球背面
的喔。從左圖我們就可以知道原因
所在,因為月球在繞著地球轉一圈
的時間內,也同時在進行自轉。

月亮上的圖案,在世界各地都不同!?

月亮上可以看到一些顏色較黑的部分,是由表面的隕石坑陰影所形成的。這些黑色的圖案在
世界上不同的國家或地區看起來,會呈現出各式各樣的風貌喔!

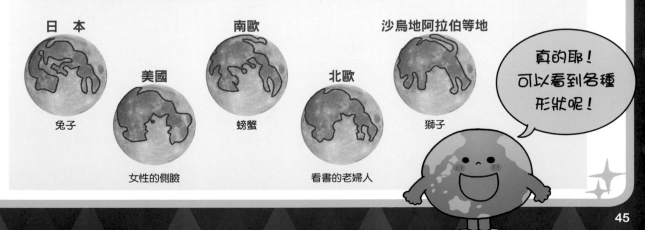

日 本
兔子

美國
女性的側臉

南歐
螃蟹

北歐
看書的老婦人

沙烏地阿拉伯等地
獅子

真的耶!
可以看到各種
形狀呢!

星星與星座

在夜空中閃閃發光的星星們，每一個都有屬於自己的名字。

現在我們就用這些明亮的星星們作為標記，

來找尋各個星座吧！

北方星空中的中心 STAR・北極星！

北極星位於正北，是唯一幾乎不會移動的星星喔！

那裡就是北方

無論何時觀測，都在同一個地方閃閃發光。古時候的人都將它視為指引方向的星星。

多虧北極星，我也因此得救了呢…

其實在我還是小狗的時候，有一次迷路了。就是靠北極星引導我回家的呢…

嗚…嗚…

那只是湊巧吧…

除了北極星以外真的沒有其他不會動的星星嗎？

真的？

真的沒有了～！

我們每天都可以看到太陽和月亮移動對吧。

嗯，那是因為地球在自轉對吧？

沒錯！所以星星看起來也會移動。不過只有北極星是例外喔！

為什麼呢？

因為北極星剛好位在地球地軸的延伸處。

北極星

地球

48

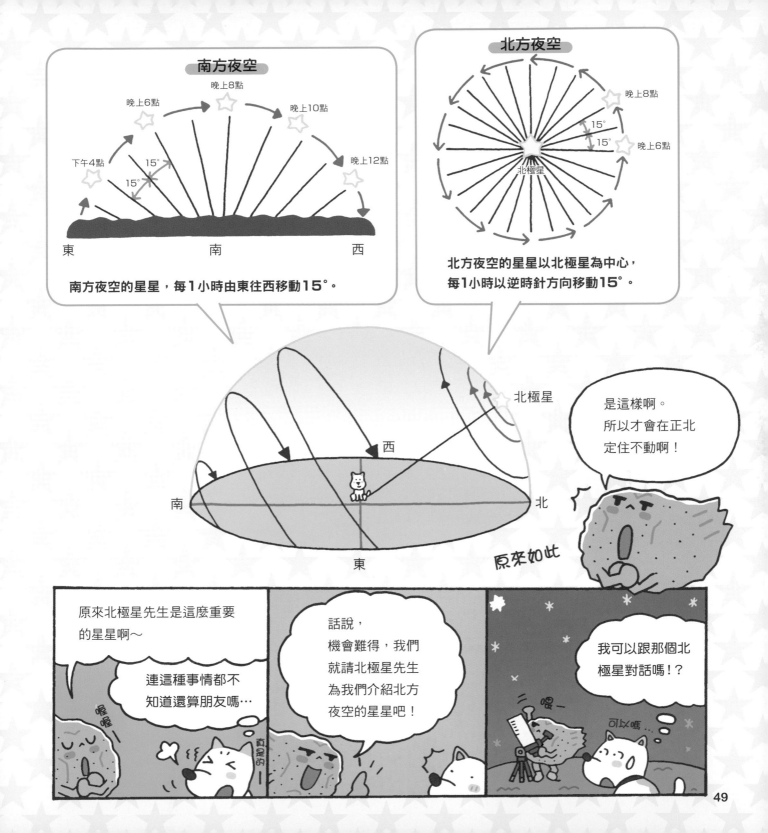

1整年都可以看到的北方星座

大熊座
→52頁

北斗七星
→52頁

小熊座
→51頁

北極星
→51頁

仙后座
→53頁

在北方的夜空中，以北極星為中心，一整年都可以看到小熊座、大熊座、仙后座等星座。隨著季節不同，在同一個時間觀測的星座位置也會有所變化。

如果要尋找北極星，首先就來找出仙后座和北斗七星（大約位在大熊座的後半部）吧！就像左圖那樣，位處兩者之間中間位置的就是北極星。

※本圖是春天時的北方星空樣貌。

我是在正北閃耀的2等星！

北極星

在小熊座的尾巴尖端閃耀的2等星。全年都是出現在幾近正北的夜空中，因此被稱為北極星。在南半球是看不到的喔。

小熊座

由7顆星星連結，因為和北斗七星（52頁）的勺子狀很相似，因此也會被人稱為「小勺子」或「小北斗」。

小熊座與大熊座的神話

啊！兒子

被變成熊的母子

　　大熊座中的熊，原本是一位名叫卡利斯托的美麗女性。卡利斯托侍奉月亮與狩獵的女神阿耳忒彌斯，後來被眾神之王宙斯看上，生下一個男孩。阿耳忒彌斯女神（譯註：另有一說是宙斯正妻赫拉）為之震怒，就將卡利斯托變成一隻熊。卡利斯托因此離開兒子，獨自在森林中生活。

　　15年後，成為獵人的卡利斯托之子來到森林狩獵，碰到了一隻巨大的熊。這隻熊其實就是他的母親卡利斯托。看到兒子的卡利斯托很高興，就朝著兒子走去。但是兒子並不知道眼前的熊就是自己的母親，認為熊是要攻擊自己，就要對牠射出一箭。目睹這個場面的宙斯就將兒子也變成熊，並且把母子兩人升上天空，就變成了大熊座與小熊座。

星座筆記　被後人稱為北極星的這顆星星原本名叫「Polaris」。因為太陽或月球等引力的影響讓地軸的傾斜度逐漸產生變化，所以成為北極星的這顆星星過了數千年後也會跟著變動喔。

春天是最容易看到北斗七星的季節喔

北斗七星

大約位於大熊座的腰部至尾巴尖端的位置，由7顆星星組成。因為形狀和勺子很相似，因此又被人們稱為「勺子星」。

大熊座

涵蓋北斗七星在內的一個大型星座。尾巴的部分之所以會這麼長，傳說是因為宙斯要將卡利斯托升上天空時，是抓住尾巴再扔上去所導致的。

星座筆記　北斗七星被世界各地的人們觀測時，會在他們心中呈現各式各樣的面貌。例如古埃及人認為那是神明乘坐的車子、英國人看起來覺得是馬車、泰國人則是看成農具等等，自古以來就是大家相當熟悉的星星。

仙后座 呈現往橫擴展的英文字母W形，代表著古代衣索比亞王國的王后卡西歐佩雅。隨著觀看方位的不同，會呈現截然不同的樣貌喔！

仙后座的神話

對美貌太過自豪的王后

衣索比亞王后卡西歐佩雅有一個美麗的女兒安朵美達，王后對女兒的美貌相當自豪。

某一天，王后說出「比起海神波賽頓的50個孫女，我和我的女兒還更加美麗呢」這樣的話，惹怒了波賽頓。波賽頓派出鯨魚海怪（譯註：後來成為鯨魚座）大鬧衣索比亞海岸。在祈求神諭後，獲得了「為了安撫作亂的鯨魚海怪，必須獻上安朵美達作為活祭品」這樣的指示。

但是後來安朵美達公主被英雄珀修斯救走，因此海神波賽頓的憤怒還是無法平息。於是卡西歐佩雅就以被綁在后座上的姿態升上天空，接受永遠只能繞著北極星運轉的懲罰。

 星座筆記 仙后座的最佳觀測季節是秋天。我們能夠在秋天夜晚的最北方夜空高處看到。秋天的仙后座兩側，分別是她的丈夫克甫斯化成的仙王座以及女兒安朵美達變成的仙女座。

星空會依據季節而有所變化！？

竟然可以向北極星道謝…啊～超感動！

真的非常感謝你

我的救命恩人…

太好了！

我來介紹。

初次見面！

北極星　仙后座　北斗七星

不過北方的星星1整年都能看到。感覺上並不是初次見面呢！

咦？星星不是1整年都能看到的嗎？

如果我們在同一個時間觀測南方夜空的星星，就會發現每天大概會由東往西移動1°左右，大概只有5～6個月能看到喔。

南方夜空

12月　1月　2月　3月　4月　30°　30°

東　南　西

每個月大約會移動30°啊！

北方夜空

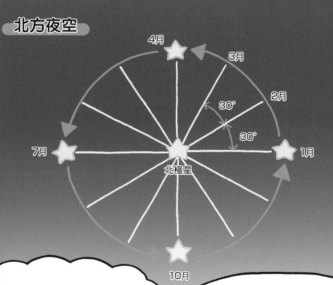

4月 3月 2月 30° 30° 1月 7月 北極星 10月

北方夜空則是這樣！30°乘以12個月，剛剛好繞行一圈。

真的耶，所以1整年都能看得到啊！

南方的星星
一但看不到了，就永
遠不會再碰面了嗎？

不用擔心！1年後就能
在同一個地方看到囉。

還要等到
1年後啊…

呼…

這和地球的公轉也
有關係喔。

你看這邊！

公轉方向

嗨！

你好

大犬座

獅子座

處女座

獵戶座

春季星座
→56頁

冬季星座
→70頁

天鵝座

天琴座

天鷹座

呀嚠！

飛馬座

夏季星座
→60頁

秋季星座
→66頁

原來如此！
雖然星星不動，但是因
為地球會運轉的關係，

所以只要繞一圈就能看到
各式各樣的星星們對吧？

沒錯喔！
所以南方夜空精彩得讓
人移不開眼睛呢～！

興奮不已

接下來的一年能夠
看到什麼樣的星星
呢？真令人期待！

春天可以看到的星座

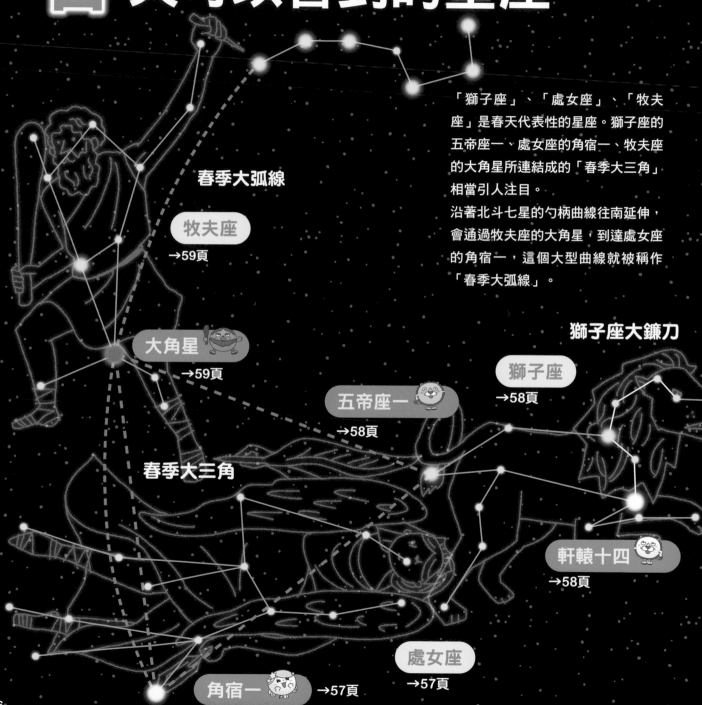

「獅子座」、「處女座」、「牧夫座」是春天代表性的星座。獅子座的五帝座一、處女座的角宿一、牧夫座的大角星所連結成的「春季大三角」相當引人注目。

沿著北斗七星的勺柄曲線往南延伸，會通過牧夫座的大角星，到達處女座的角宿一，這個大型曲線就被稱作「春季大弧線」。

春季大弧線

牧夫座
→59頁

獅子座大鐮刀

大角星
→59頁

獅子座
→58頁

五帝座一
→58頁

春季大三角

軒轅十四
→58頁

處女座
→57頁

角宿一 →57頁

我是閃耀的
白色1等星！

角宿一

固有名稱的Spica指的是「穀穗的前端」。在構成處女座的大地女神形象中，位於手持麥穗的前端，也是「春季大三角」的星星之一。

處女座

橫躺在春天的南方星空，是一個相當大型的星座。除了角宿一之外沒有其他明亮的星星，因此大家或許很難觀測到處女座的完整面貌。

處女座的神話

女兒被搶走的大地女神

成為處女座的是狄蜜特這位大地女神。狄蜜特掌管著大地上的花草植物與蔬菜水果等等，她有一個名叫普西芬妮的美麗女兒。某一天，冥界之主哈迪斯擄走了普西芬妮，傷心欲絕的狄蜜特為此躲入洞穴隱居，這也讓地上世界荒涼一片。

為此困擾的眾神之王宙斯，因此命令弟弟哈迪斯把普西芬妮放回來。雖然普西芬妮後來回到了世間，但是在啟程之前，哈迪斯要她吃下4顆冥界的石榴。這也讓普西芬妮每年必須有4個月的時間要待在冥界。

在女兒返回冥界的4個月期間，狄蜜特就不去管理任何工作，而這段時間就變成了冬季。

星座筆記 也有一說認為變成處女座的是正義女神狄刻（譯註：或阿斯特莉亞）。她是一位手持判別善惡之天秤的女神。而她的天秤就是「天秤座」的由來。

雖是2等星但還是很醒目！

我是閃耀的白色1等星！

獅子座

獅子頭部是由六顆星星以像是顛倒的「？」符號排列而成。因為也很像割草用的大鎌刀，所以也被稱為「獅子座大鎌刀」喔。

五帝座一

固有名稱的Denebola是來自阿拉伯文中的「獅子尾巴」之意。位於獅子座的尾巴部分，也是「春季大三角」的星星之一。

軒轅十四

固有名稱的Regulus是「小王者」的意思。位處獅子座的心臟部位。

獅子座的神話

涅墨亞之森的食人獅子

在古希臘涅墨亞一帶的山谷裡，住著一隻巨大的食人獅子。國王歐律斯透斯想要刁難英雄海格力斯，就命令他去消滅這頭獅子。

毫無畏懼的海格力斯用劍和弓矢對付這隻向他撲來的兇猛野獸。但是獅子相當健壯，不論是劍還是弓箭都發揮不了作用。

海格力斯頓時領悟到「對付這種怪物只能以力量取勝了」，因此就使盡全身的力氣扣住獅子的脖子，讓獅子窒息而死。作為勝利的證明，海格力斯剝下了獅子的毛皮。得知披著獅子皮的海格力斯光榮歸來的國王嚇了一大跳，據說因為國王太過恐懼，還不敢出來面對海格力斯。

星座筆記 每年到了11月總是會不時聽到「獅子座流星雨」這個名詞。獅子座中存在著流星飛出的出發點。每隔幾年都會出現一次可在1小時內看到數十個流星飛馳而過的現象。

我是橙色的
1等星！

大角星

固有名稱Arcturus，意思是「熊的看守
者」，位於牧夫座的左膝部分。是「春季大三
角」的星星之一。

牧夫座

星星以像是領帶那樣的形狀排列。牧夫高舉的
左手中，握著牽住兩隻獵犬的繩子喔。

牧夫座的神話

我想要
金蘋果

扛著天空的親切巨人

　　據說這個牧夫就是巨人族的亞特拉斯。某一天，英雄海
格力斯來到擔綱扛起天空工作的亞特拉斯身邊。因為國王
歐律斯透斯出了一道尋找金蘋果的難題，才讓他來到此處。

　　當海格力斯向亞特拉斯詢問金蘋果的所在地時，提出了
「我幫你扛一陣子天空，請你替我取來金蘋果」的條件。
暫時從辛苦工作中解放的亞特拉斯相當高興，取回金蘋果
後，又表示可以將金蘋果送去給國王。但是海格力斯已經
感受到天空重量所帶來的負擔，很難再繼續承受下去了。
所以他對亞特拉斯謊稱：「我想去找個墊肩，請你暫時幫我
扛一下」，等到亞特拉斯聽信他的話接手之後，海格力斯就
再也不願意換回去了。

 星座筆記　因為大角星可以在收割麥子的黃昏時間看見，因此在日本又被稱為「麥星」。

夏天可以看到的星座

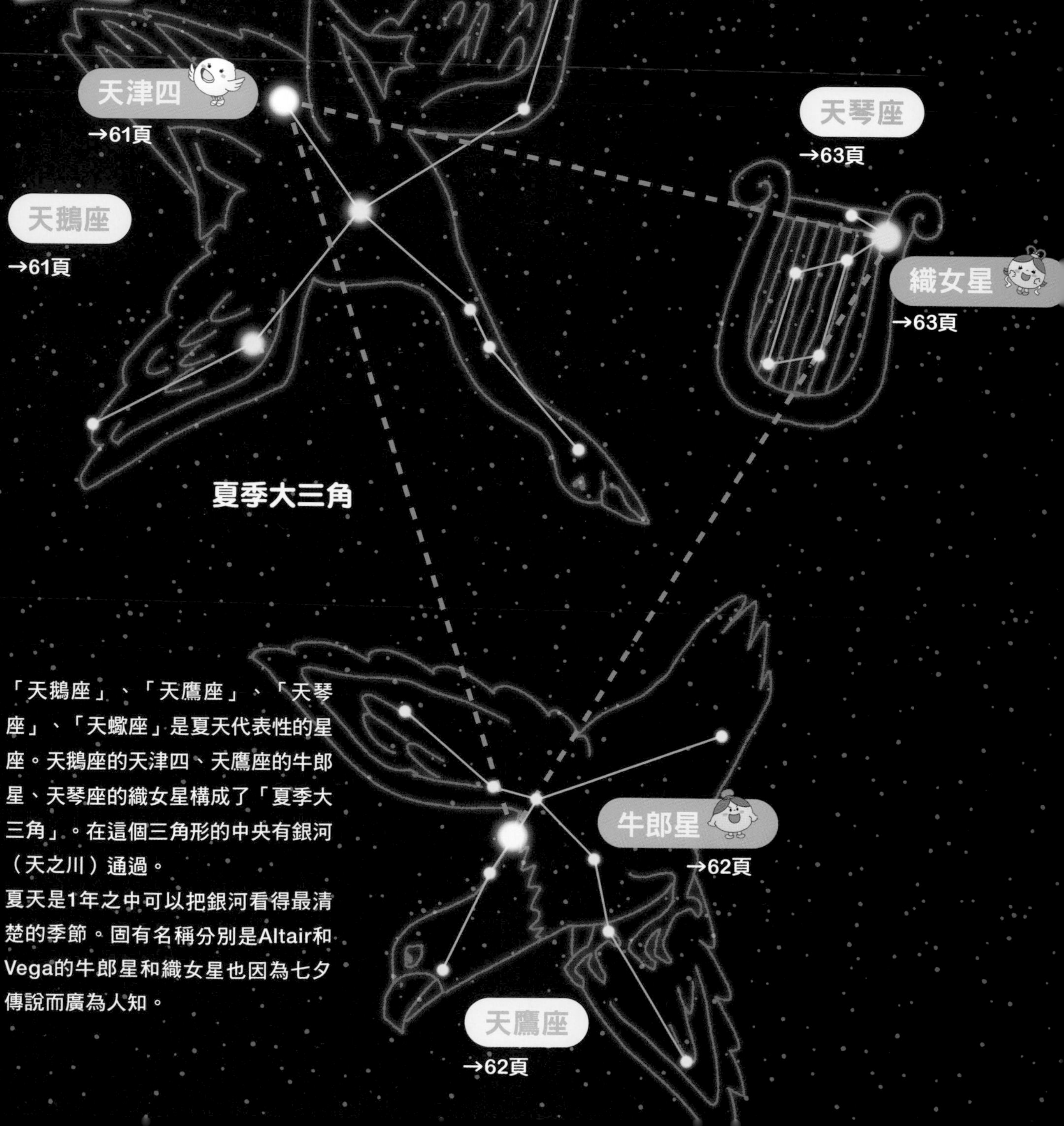

天津四 →61頁

天琴座 →63頁

天鵝座 →61頁

織女星 →63頁

牛郎星 →62頁

天鷹座 →62頁

夏季大三角

「天鵝座」、「天鷹座」、「天琴座」、「天蠍座」是夏天代表性的星座。天鵝座的天津四、天鷹座的牛郎星、天琴座的織女星構成了「夏季大三角」。在這個三角形的中央有銀河（天之川）通過。

夏天是1年之中可以把銀河看得最清楚的季節。固有名稱分別是Altair和Vega的牛郎星和織女星也因為七夕傳說而廣為人知。

我是閃耀的白色1等星！

天津四

固有名稱Deneb是「天鵝尾羽」的意思，位置也處在相當於天鵝座尾部的地方。是一個約有太陽20倍重的「超巨星」，也是「夏季大三角」的星星之一。

天鵝座

位於仰望空中的高處位置，呈現大十字架的結構是其特徵。形態像是從銀河中探出頭來，並展開大大的雙翅。

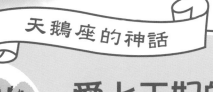

天鵝座的神話

愛上王妃的天鵝

　　處處留情的眾神之王宙斯，看上了斯巴達王后勒達。為了親近勒達，宙斯向愛與美的女神阿芙蘿黛蒂尋求意見。

　　兩人討論過後，宙斯變成一隻天鵝、阿芙蘿黛蒂則化為一隻老鷹，準備演出一場老鷹追逐天鵝，再讓天鵝藉機躲到勒達王后身邊的戲。

　　後來相當順利，勒達將天鵝抱入懷中閃避老鷹的攻擊。但是在天鵝離開之後，勒達卻懷上身孕，並且生下兩顆巨大的蛋。

　　其中的一個蛋孕育出了卡斯托爾和波魯克斯這對雙胞胎兄弟。他們也是雙子座（74頁）神話中的人物。

星座筆記　天鵝座因為其十字形的結構，因此又被人稱為「北十字星」。在這個十字的前端是位在天鵝頭部的星星——輦道增七（Albireo）。

我是在銀河東邊閃耀的1等星！

牛郎星

固有名稱Altair，大概位於天鷹座背部的中間位置。「牛郎星」之名因七夕傳說的關係而廣為人知。也是「夏季大三角」的星星之一。

天鷹座

和天鵝座一樣是十字形結構，在銀河的東邊以像是要飛離銀河的姿態呈現。在牛郎星的兩側還有兩顆小型的星星。

天鷹座的神話

謝謝你

侍奉宙斯的老鷹

據說天鷹座的老鷹是一隻侍奉宙斯的黑鷹。據說在這位支配全宇宙、全知全能的眾神之王年紀還小的時候，這隻黑鷹就一直待在他的身邊。

黑鷹每天都會飛到人間，將所看到的情報回傳給宙斯。牠甚至還曾在宙斯跟巨人族軍隊的戰爭中不小心失去了弓箭之時，將弓箭帶回宙斯的身邊，解除了一場大危機。

關於黑鷹的真正身分有很多說法，有一種論點認為黑鷹就是宙斯自己的化身。某天宙斯和眾神在宮殿舉辦宴會時，因為需要斟酒的侍童，於是宙斯就變成巨大的黑鷹將人間最美麗的少年伽倪墨得斯帶回天上。

星座筆記 在阿拉伯文中，Altair是「飛翔老鷹」的意思。牛郎星和它兩側的星星組合起來，就像是老鷹的模樣喔。

我是閃耀的藍白色0等星！

織女星

固有名稱Vega。是構成「夏季大三角」三顆星的其中之一，也是其中最明亮的星星。「織女星」之名因七夕傳說的關係而廣為人知。

天琴座

在夏季夜空的近乎正上方可以觀測到。相對於天鷹座，天琴座位在銀河的另一側。如果將除了織女星以外的4顆星星相連，會構成一個小四邊形。

天琴座的神話

為了妻子而彈

為了妻子而演奏的豎琴

演奏豎琴的名手奧菲斯為了向冥王哈迪斯祈求「讓被毒蛇咬死的妻子復活」，帶著自己的愛琴來到死後的世界。因為他的演奏實在太過美妙，因此讓守門人為他打開了大門。

冥王哈迪斯雖然同意了他的請求，但也立下「在離開的過程中不得回頭」的規矩。就在奧菲斯夫婦即將返回人世時，他卻忍不住回頭看看妻子有無跟上，這也讓妻子因此消失、再次被困在冥界。此後不論奧菲斯再怎麼以自己美妙的琴藝交換，也不得其門而入了。

眾神之王宙斯對於在絕望中彈著琴死去的奧菲斯感到憐惜，因此就將他的琴升上天空成為星座。

星座筆記　牛郎星與織女星之間的距離約有15光年。這代表即使1秒鐘能前進30萬km，還是要花上15年才能到達。

天蠍座

橫躺在南方夜空的大型星座。以心宿二為中心，明亮的星星們以和緩的曲線描繪出一個英文字母S形。

心宿二

心宿二

固有名稱Antares。大小約有太陽的720倍那麼大，是紅色的1等星。位於蠍子的心臟部位。

天蠍座的神話

讓獵戶座害怕的大蠍子

在冬天觀測到的獵戶座，每當天蠍座出現在星空時，我們就看不見獵戶座了。當天蠍座從東邊出現時，獵戶座就像是要逃跑一般地往西方落下。也因為如此，人間流傳著一段身為獵人的獵戶座很害怕這隻大蠍子的傳說。

對自己的力量相當自豪的俄里翁，時常做出太過蠻橫的行為，眾神們都對他相當感冒。有一天，想追求更高地位的俄里翁惹怒了天后赫拉，赫拉因此派了一隻大蠍子去攻擊俄里翁。蠍子用毒針螫死了傲慢的俄里翁。後來兩者都被升上天空成為星座，繼續在夜空中展開你追我跑的追逐戰。

 星座筆記 Antares有「和火星對抗之物」的意涵。當火星來到它的附近時，兩者就像是要比賽誰的顏色比較紅一樣。

銀河的真面目是？

在夜空中漂浮，宛如白色帶子的銀河究竟是什麼呢？

銀河就位於銀河系的中心

包含地球在內的眾多星球集結所形成的「太陽系」就位在銀河系之中。銀河系裡面大約有超過2,000億顆的星星。因為在中心地帶聚集了相當多的數量，從橫向來看就像是圓盤那樣的形狀。如果從地球觀測這個銀河系的中心，看起來就像河川一樣，這就是銀河（日文又稱天之川）的真面目。

為什麼看起來會像帶子呢？

太陽系的位置大概是在銀河系的邊端部分。距離銀河系的中心相當遙遠，因此看起來就像是帶子。

特別是在夏天的夜晚，地球會朝向星星大量聚集的中心方向，因此更容易觀測到銀河喔！

從旁邊檢視銀河的圖示

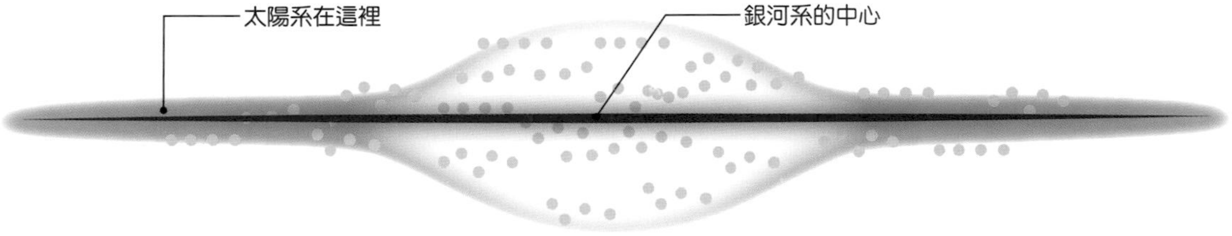

太陽系在這裡　　　　　　銀河系的中心

在日文中，「銀河系」也稱為「天之川銀河」喔！

秋天可以看到的星座

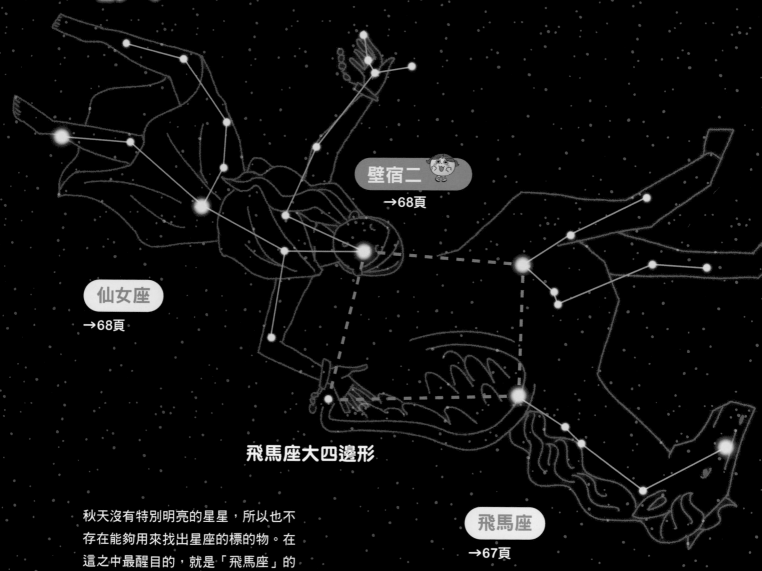

壁宿二
→68頁

仙女座
→68頁

飛馬座大四邊形

飛馬座
→67頁

秋天沒有特別明亮的星星，所以也不存在能夠用來找出星座的標的物。在這之中最醒目的，就是「飛馬座」的三顆星和「仙女座」的壁宿二所構成的「飛馬座大四邊形」。也被稱作秋季的大四邊形。

飛馬座

「飛馬座大四邊形」大概就是飛馬的身體部位。構成四邊形的4顆2等星之中，有3顆是屬於飛馬座。

飛馬座的神話

和英雄一同奮戰的天馬

飛馬珀伽索斯是從岩石中誕生的天馬。牠有著雪白的身體和銀色的雙翼。英雄珀修斯王子打倒蛇髮女妖梅杜莎之後，梅杜莎的血液滲進岩石，飛馬就從中誕生了。

飛馬載著珀修斯越過天空來到衣索比亞一帶，擊退了作亂的鯨魚海怪，拯救了安朵美達公主（68頁）。

此外，飛馬也曾載著貝勒羅豐這個年輕人前去對付頭部是獅子、身體是山羊、尾巴是蛇，噴著火焰的怪物奇美拉。即便是這般駭人的奇美拉，也無法奈何在空中盤旋的飛馬，最後被貝勒羅豐以弓箭射殺。

 星座筆記　飛馬座的鼻尖部分存在著「球狀星團M15」，是星星的聚集處。據說這個星團大概在120億年前就已經誕生了。

在秋季大四邊形中是最亮的2等星！

壁宿二

固有名稱Alpheratz有「馬的肚臍」的意涵。是構成「飛馬座大四邊形」的一顆星，位於仙女座的頭部。在很久很久以前還被涵蓋在飛馬座之內。

仙女座

構成星座的星星呈V字形排列，是一個大型星座。還能看到名為「仙女座星系M31」的螺旋星系。

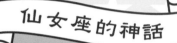

仙女座的神話

成為活祭品的公主

仙女座固有名稱的Andromeda，就是衣索比亞王后卡西歐佩雅的女兒安朵美達。在本書53頁，我們已經先簡單介紹了炫耀女兒美貌的王后惹怒了海神波賽頓，不得不把女兒當成祭品的故事。

可憐的安朵美達雙手被銬上鐵鍊，綁在海岸的岩石上，一個人面對即將到來的恐懼。就在鯨魚海怪向她襲來的時候，騎著飛馬的英雄珀修斯及時趕到。珀修斯舉起先前打倒的女妖梅杜莎的頭顱，讓鯨魚海怪化成石頭沉入海中，安朵美達因此得救。

後來，安朵美達和珀修斯相戀，據說這對佳偶從此過著幸福快樂的日子。

星座筆記 差不多位於仙女座腰部的「仙女座星系M31」，是一個由數千億個星星組成的大集團！據說有包含太陽系在內的銀河系的1.5倍以上呢。

星星的亮度與顏色

星星彼此的明亮度和顏色都不太一樣。我們所觀測到的亮度，其實不僅僅是跟星星本身發光的強度有關，它和地球距離的遠近也會有影響喔！

星星的亮度是有單位的

觀測星星的亮度是用星等這個單位去表示的。肉眼所見最暗的是6等星，最亮的則是1等星。每小1個星等，亮度差距就是2.5倍。舉例來說，1等星大約是6等星的100倍亮。

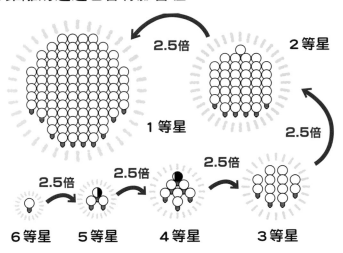

2 等星
2.5倍
1 等星
2.5倍
2.5倍
2.5倍
2.5倍
6 等星　5 等星　4 等星　3 等星

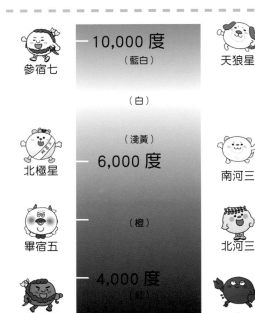

10,000 度
（藍白）
參宿七

天狼星

（白）

（淺黃）
6,000 度
北極星

南河三

畢宿五

（橙）

北河三

4,000 度
（紅）
參宿四

心宿二

星星的顏色是因溫度而變化的

星星顏色的差異是因為表面溫度的不同所造成的。高溫時會呈現藍白色、越低溫則會傾向紅色。看起來像是黃色的太陽，溫度就在5,500度左右。

冬天可以看到的星座

擁有很多明亮的星星，冬天的星空是一年之中最耀眼的。例如一年四季最明亮的天狼星，就在南方的夜空中散發出藍白色的光芒。由位於「大犬座」的天狼星、「獵戶座」的參宿四、「小犬座」的南河三組成的就是「冬季大三角」。如果我們將視野向外擴展的話，就能觀測到「冬季大六邊形」。

御夫座
→76頁

五車二

雙子座
→74頁

北河二

金牛座
→75頁

北河三

畢宿五

小犬座
→72頁

南河三

參宿四

冬季大六邊形

冬季大三角

大犬座
→73頁

獵戶座
→71頁

天狼星

參宿七

獵戶座

在星座中央、宛如獵人腰帶的位置有三顆呈等距離排列的星星，在日本被稱為「三星」。是一年四季中最明亮，也是普遍認為形狀極美麗的星座之一。

參宿四

正如其固有名稱Betelgeuse意味著「巨人的腋下」，它位處獵戶座的腋下部位。是構成「冬季大三角」的星星之一。

參宿七

固有名稱Rigel。在獵戶座腳部閃耀，構成「冬季大六邊形」的星星之一。如果用望遠鏡觀測的話，就可以發現它是由兩個小型星球組成的「聯星」結構。

獵戶座的神話

被月亮女神愛上的知名獵人

月亮與狩獵的女神阿耳忒彌斯，愛上了狩獵的名人俄里翁。但是阿耳忒彌斯的雙胞胎弟弟——太陽神阿波羅，卻不贊成這段戀情。

某日，阿波羅發現俄里翁在海中行走，但只將頭部露在海平面上。阿波羅就用炫目的光芒照著俄里翁的頭，並且對阿耳忒彌斯說：「不管你的弓術多麼高明，也射不中那個發光的地方吧。」阿耳忒彌斯回說：「不會啊，這很簡單。」最後很不幸地，她的箭命中了俄里翁的頭部。

悲痛的阿耳忒彌斯於是請求眾神之王宙斯，將俄里翁升上天空成為星星。每當象徵月亮的阿耳忒彌斯升上夜空時，就能經過俄里翁的身邊和他見面。

星座筆記 獵戶座在日本各地有各式各樣不同的名稱，也是大眾很熟悉的星座。因為其結構很像是日本和樂器中的鼓，因此也被稱為「鼓星」，名氣也相當響亮。

我是閃耀的
黃色1等星

南河三

固有名稱Procyon。「冬季大三角」的構成
星星之一。和其他的星星相比,因為是距離地
球較近的星星,所以據說看起來很亮喔。

小犬座

是由南河三和一個3等星連結,僅由兩顆星星
構成的小星座。

小犬座的神話

獵人所馴養的獵犬

　　小犬座中的小犬,指的是狩獵名人阿克泰翁所馴養的50
頭獵犬之一。

　　某日,阿克泰翁帶著獵犬們進到山裡去獵鹿,無意間在
樹林中的一處水池撞見月亮與狩獵女神阿耳忒彌斯和妖精
正在沐浴。阿克泰翁被阿耳忒彌斯女神的美貌所吸引,就
這樣呆呆地站在那。

　　但是獵犬們的聲音驚動了女神,也讓她發現了正在偷看
的阿克泰翁。阿耳忒彌斯感到又羞又怒,就把阿克泰翁變
成一隻鹿。

　　獵犬們不知道眼前的鹿其實就是自己的主人,便朝著阿
克泰翁飛撲過去。最後阿克泰翁很不幸地被自己的獵犬咬
死了。

\星座筆記/

固有名稱的Procyon有「領頭犬」的意涵,比大犬座更早升上南方的天空是其名稱的由來。此外,在小犬座和大
犬座的中間,就流淌著銀河喔!

全天都是最亮的星星！

天狼星

固有名稱為Sirius，位於大犬座的嘴部，是構成「冬季大三角」的星星之一。有著1等星7倍以上的亮度，閃耀著藍白色的光輝。是一顆相當醒目的星星喔。即使在都市的夜空中也能很清楚地看到。

大犬座

是相當大型的星座，在南方夜空中觀測到的時候，是呈現以後腳站起的姿勢喔。

大犬座的神話

汪

汪

和大狐狸對抗的名犬

傳說由月亮與狩獵的女神阿耳忒彌斯底下的一名侍女所飼養的名犬雷拉普斯，就是大犬座的由來。

有一天，一隻大狐狸出現在某個村莊，接連擄走村人的家畜。覺得困擾的村人，因此就讓腳程極快的獵犬雷拉普斯去追捕大狐狸。

面對眼前的大狐狸，雷拉普斯豪不畏懼，勇敢地上前迎戰。但是這隻大狐狸不僅強悍，速度也非常快。雷拉普斯的攻擊陸續被躲過，這場戰鬥的勝負一直無法明朗化。

從天上看到這一幕的眾神之王宙斯，不想讓這場爭鬥造成更大的傷害，因此將這兩隻動物都變成石頭。而雷拉普斯也被升上天空，成為星座之一。

星座筆記 天狼星是−1.5等星。看起來會很明亮並不是因為星星本身特別亮，而是位處距離地球比較近的位置才會如此。

我是橙色的
1等星

我是白色的
2等星

雙子座

由哥哥卡斯托爾（Castor）和弟弟波魯克斯（Pollux）組成的雙胞胎星座。兩排星星並列，構成兩個少年的姿態。

北河三

固有名稱Pollux。正確來說是1.1等星。是雙子座兩個最醒目的星星之中的左側那顆。構成「冬季大六邊形」的星星之一。

北河二

固有名稱Castor。正確來說是1.6等星。位於北河三的右側，以近似的亮度閃耀的星星。兩者看起來總是感情很好地並列在一起。

雙子座的神話

一同奮戰的雙胞胎少年

這對雙胞胎兄弟是從眾神之王宙斯化成的天鵝（61頁）與斯巴達王后勒達孕育出的蛋中誕生的。

哥哥卡斯托爾以人類的身分成為騎馬的高手。弟弟波魯克斯則是繼承了神的血脈，因此獲得了不死的身軀，還擅長拳術。驍勇善戰的兩人一起經歷了大大小小的冒險，在很多地方都留下活躍的事蹟。

但就在某一天，不幸找上了這對兄弟。卡斯托爾因為一起事件而被殺害。雖然波魯克斯之後為哥哥報了仇，但也從此變成孤單一人。

被哀傷的波魯克斯所感動的宙斯，就將這對感情深厚的兄弟升上天空成為星座，一半的時間一起待在天上、另一半的時間則一起在冥界度過。

星座筆記 在北河二的附近，就是每年12月左右都會出現「雙子座流星雨」的流行星出發點喔！也曾有每小時可以觀測到50～60顆流星的時候呢。

我是橙色的1等星

畢宿五

固有名稱Aldebaran。位於牛的額頭下方。是構成「冬季大六邊形」的星星之一。

金牛座

以畢宿五為中心,其中呈V字形排列的部分就是牛的角。在牛頭的部位存在著藍白色星星群聚的「昴宿星團M45」喔。至於牛的下半身,就好像是被雲掩蓋住一樣。

金牛座的神話

擄走公主的牡牛

　　傳說金牛座的這頭牛是由眾神之王宙斯所化成的。

　　某一天,歐羅芭公主在海邊和女性朋友一起摘花玩耍,這時宙斯變成一頭潔白的牛去接近她。白牛就這樣靜靜地蹲在她的身旁,公主就像被誘導一般,坐上了白牛的背。

　　沒想到白牛突然站了起來,接著就載著公主,宛如走在平地上那樣在海面上行走。在美麗的海上,宙斯將自己的真實身分告訴了歐羅芭,並且對她說:「和我結婚吧。」於是兩人就來到地中海的克里特島海岸,在那裡舉行了婚禮。

　　現在的歐洲(Europe)之名,據說就是來自於歐羅芭(Europa)公主的名字。

 星座筆記　昴宿星團是一個即便不用雙筒望遠鏡觀測,也能看到6～7個星星的集團。在日本被稱為「すばる」(subaru,漢字寫成「昴」),是日本人相當熟悉的名稱。

我是閃爍的
黃色1等星

五車二

固有名稱Capella有「小母羊」的意涵。位在御夫座懷抱於左肩的山羊處。是構成「冬季大六邊形」的星星之一。是1等星之中位置最北的一顆，因此在某些地區全年都可以觀測到。

御夫座

所謂的「御夫」，就是指駕駛馬車的人。是一個結構類似日本將棋五角形狀的星座。它就位在銀河的中間喔。

御夫座山羊的神話

嘎啊!!

養育眾神之王宙斯的母山羊

眾神之王宙斯的父親克洛諾斯是讓人恐懼的泰坦之王。因為他害怕王位會被自己孩子所奪的預言成真，因此每當妻子生下一個孩子，他就吃掉一個。當宙斯出生後，母親瑞亞實在無法忍受丈夫的暴行，因此將宙斯藏在洞窟裡。並且用包巾裹住石頭假裝成孩子，誘騙丈夫吞下。

負責在洞窟中以乳汁餵養宙斯的，是一頭母山羊阿瑪爾忒婭。某一天，宙斯不小心折斷了一支羊角。對此感到抱歉的宙斯，因而賦予這支羊角不可思議的神力。持有這支豐饒之角的人，都能從中變出心中想要的食物與水果。而母山羊阿瑪爾忒婭，也演變成被御夫抱起的那頭羊。

 星座筆記　御夫座因為呈現五角形結構，因此在日本又被稱為「五角星」或「五星」。

用語索引

這裡會將本書出現的天體名稱及天文用語依筆劃排列喔！

PROFILE

藤井旭（ふじい あきら）

1941年出生於山口縣。天文攝影家、插畫師。畢業於多摩美術大學設計學科。和觀星夥伴們一起負責白河天文觀測所的營運。觀測所的台長是由他的愛犬Chiro擔任。之後又於澳洲設立Chiro天文台南天Station。著有《藤井旭的天文年鑑》（誠文堂新光社）、《小朋友的宇宙圖鑑》、《小朋友的星座圖鑑》（星の手帖社）等天文相關的著作。

TITLE

星星宇宙小圖鑑

STAFF		ORIGINAL JAPANESE EDITION STAFF	
出版	瑞昇文化事業股份有限公司	カバー・本文デザイン	山口秀昭（Studio Flavor）
監修	藤井旭	キャラクターデザイン・	
譯者	徐承義	まんが・イラスト	アキワシンヤ
		神話イラスト	すぎやまえみこ
總編輯	郭湘齡	執筆	入澤宣幸
文字編輯	徐承義　蔣詩綺　陳亭安	DTP	新榮企画
美術編輯	孫慧琪	校正	株式会社円水社
排版	執筆者設計工作室	編集	株式会社スリーシーズン（藤門杏子）
製版	明宏彩色照相製版股份有限公司		小栗亜希子
印刷	桂林彩色印刷股份有限公司		

參考文献
『ニューワイド学研の図鑑 星・星座』（学研プラス）
『全天星座百科』（河出書房新社）
『心ときめくおどろきの宇宙探検365話』（ナツメ社）
『学研の図鑑LIVE 宇宙』（学研プラス）
『？に答える！小学理科』（学研プラス）

法律顧問	經兆國際法律事務所　黃沛聲律師
戶名	瑞昇文化事業股份有限公司
劃撥帳號	19598343
地址	新北市中和區景平路464巷2弄1-4號
電話	(02)2945-3191
傳真	(02)2945-3190
網址	www.rising-books.com.tw
Mail	deepblue@rising-books.com.tw
初版日期	2018年11月
定價	300元

國家圖書館出版品預行編目資料

星星宇宙小圖鑑 / 藤井旭監修；徐承
義譯. -- 初版. -- 新北市：瑞昇文化，
2018.11
80面；21 x 22公分. -- (跟著可愛角色學
習)
譯自：キャラクターでわかる星と宇宙
ISBN 978-986-401-282-4(平裝)

1.科學 2.通俗作品

308.9   107017053